阆苑之英

童晓妍的高级定制服装艺术

陈学军 著

中国纺织出版社有限公司

内 容 提 要

本书呈现了高级定制服装设计师童晓妍历年来设计的经典作品，其内容包括童晓妍个人的典藏作品、毕业作品、品牌活动、匠心工艺及相应的工艺细节等，以大量精美的图片与简练的文字相结合的方式向广大读者展示了高级定制服装的工艺之美，并对其经典作品的创作灵感、作品名称及用材进行简要说明，彰显设计师的创作风格。

本书图文并茂，不仅适合从事高级定制服装行业的工作人员参考与学习，也适合广大服装设计专业师生、爱好者阅读与收藏。

图书在版编目（CIP）数据

阆苑之英：童晓妍的高级定制服装艺术／陈学军著
. -- 北京：中国纺织出版社有限公司，2022.1
ISBN 978-7-5180-9020-4

Ⅰ.①阆… Ⅱ.①陈… Ⅲ.①服装设计—研究 Ⅳ.
① TS941.2

中国版本图书馆 CIP 数据核字（2021）第 211424 号

责任编辑：李春奕　特约编辑：符　芬
责任校对：王花妮　责任印制：王艳丽

中国纺织出版社有限公司出版发行
地址：北京市朝阳区百子湾东里 A407 号楼　邮政编码：100124
销售电话：010—67004422　传真：010—87155801
http://www.c-textilep.com
中国纺织出版社天猫旗舰店
官方微博 http://weibo.com/2119887771
北京华联印刷有限公司印刷　各地新华书店经销
2022 年 1 月第 1 版第 1 次印刷
开本：889×1194　1/16　印张：10
字数：180 千字　定价：368.00 元

序

Preface

香港旭日集团与惠州学院旭日广东服装学院（以下简称：学院）合作办学一晃已经走过了30多年的历程，香港旭日集团的创始人杨钊、杨勋兄弟是改革开放前期首批来内地投资办厂的香港企业家，1978年，在顺德容奇创办"大进制衣厂"，往后更于惠州成立服装业务基地。杨先生很早就认识到企业的发展离不开人才培养，旭日集团早于1988年便与西北纺织工学院（现更名为：西安工程大学）联合创办西北纺织工学院惠州分院，学院先后更名为惠州大学服装学院、惠州大学服装系、西纺广东服装学院、惠州学院服装系及惠州学院旭日广东服装学院。办学层次也经历了由专科到本科的提升。

本人从20世纪90年代开始便代表香港旭日集团参与双方的合作项目，双方逐渐建立起一套校企合作的长效机制，随着旭日集团自身业务的不断转型以及服装行业对人才需求的不断变化，校企双方构建了共同研究规划专业发展方向、共同制订人才培养方案、共同开发专业课程与教材、共同实施"双进双挂"工程、共同搭建"企业＋实验室"实践平台、共同开展学生学业能力评价的应用型人才培养的路径。双方的合作成果包括"面向21世纪服装高等教育职业技术教育办学模式的研究与实践"（2001年）、"校企协同创新培养服装应用型人才"（2014年）、"产教深度融合的服装专业教学综合改革研究与实践"（2018年），并三次获得广东省教育教学成果一等奖。此外，《校企协同培养服装应用型人才——惠州学院旭日广东服装学院建设纪实》入选《中国高校科技：2018中国高校产学研合作优秀案例》，双方合作项目还获得中国纺织工业联合会科技进步三等奖。

目前，学院毕业生累计超过了5000人，学院为我国服装行业的发展输送了大量优秀的应用型人才，2010年入学的童晓妍同学就是其中之一。在我的印象中，她是来自江西的学生，个子娇小，但充满了激情，具有超强的动手能力！在2014年的毕业设计大赛上，她的作品惊艳全场，获得了全场最高分。如今，童晓妍已毕业7年，取得了诸多成绩，让人欣喜。她是学院应用型人才培养成果的一个缩影。

在此，祝愿惠州学院旭日广东服装学院再接再厉，继续为行业培养出更多出类拔萃的人才！

真维斯国际（香港）有限公司
董事兼副总经理
刘伟文
2021年6月

　　童晓妍于2012年加入陈学军老师的丰羽团队,成为团队的优秀毕业生。丰羽团队是惠州学院专门进行创新创业训练的师生团队。"丰羽"一词出自《战国策·秦策》:"毛羽不丰满者,不可以高飞。"寓意在于通过团队的锻炼,将学生们的羽翼打造丰满,使其在未来可以展翅高飞。

前言

——

Foreword

　　童晓妍是惠州学院旭日广东服装学院服装与服饰设计专业2014届毕业生，也是当年服装设计大赛金奖获得者。

　　秉承初心，方得始终。本书呈现了童晓妍从学生时代的毕业作品到加入Dior高定工坊再到自己创业的大部分高级定制服装工艺作品。这几年来，她铸造了一个以珠绣工艺与刺绣工艺、西式美学与东方经典相结合的产品风格，成功地将服装高定行业工艺技术和材料的创新应用相结合，制作了以别致的设计、精确的立体裁剪和精细的手工艺为特征的高级定制服装产品。

　　童晓妍的高级定制服装以"重手工"为差异化竞争要点，所有工艺均由手工完成，一件衣服耗费的工时根据图案设计的繁复程度而定，快则一个月，慢则半年左右，创作品类的高级定制服装则可能需要更长的时间。童晓妍对产品的板型、尺寸、工艺要求极为严格，所有的产品不是量完尺寸就开工生产，而是在做好充分的前期准备工作的基础上再做白坯，白坯是用来调整板型的，一般需要制作多次白坯，根据客户和设计师的要求把板型、尺寸调到满意为止，再开工生产。除了板型外，精湛的手工艺是产品的根基，要重视工匠精神，不仅要呈现精致的衣物，更多是体现品牌背后的承诺。本书用大量细节来阐述如何将传统工艺与创新思维结合、如何将高定设计与客户需求融合、如何将设计理念转换成产品，这些对设计从业人员具有很强的指导性。

　　童晓妍说："灵感是一味兴奋剂，让我为之挥舞。我亲手从世界各地挑选回来面料、纯手工定制的蕾丝、手工盘扣、珠绣、水晶，甚至翡翠、黄金、钻石。每一种材料，每一针一线，每一个图案，从制坯、出坯、试坯、制作到成品，都凝聚了设计师的心血与汗水。观者通常只会看到衣服的表面，而不在意衣服背后的故事，其实这个过程如破茧化蝶一般艰辛，但我很享受这个过程，因为在这个生活节奏越来越快、人们内心越来越坚硬的世界，总有什么会让你心头一动，柔软起来，任你再坚强坚硬，也会融化在它不同的味道里。专心把一件事情做到极致，就是不负自己的青春韶华。""设计是品牌的灵魂，我们从未止步创新，而是大胆运用材料，别出心裁地进行设计，无论是工艺、板型、装饰，还是成品，我给自己的作品都是高分。在传统旗袍已经泛滥的市场，我们不断创新，希望能将现代工艺手法与西式经典结合，把中国传统服饰带入一个新领域，真正做到产品差异化。"

　　本书通过奢华立体花朵刺绣、绚丽色彩、别致款式与精美细节，为读者献上一场极致的视觉盛宴，从中可以感受到手工艺的魅力，每一片裁片、珠片、绣花摆放的位置都是在精心比对后才确定的，呈现出跌宕起伏、错落有致的美感，仔细观察每一件作品，就会看到意想不到的手工制作细节。

　　本书获广东省服装与服饰工程技术研究中心、旭日广东企业研社、广东省"服装三维数字智能技术开发中心"、惠州学院重点学科建设项目支持完成。

　　由于笔者时间及水平有限，书中存在错漏和不足之处在所难免，恳请读者批评指正。

著者

2021年8月

目 录

Contents

品牌
释义

—

Pinpai Shiyi

"传承中国传统精粹，融合当今潮流文化，打造独一无二的经典。"这是童晓妍的高级定制品牌宣言。童晓妍于2016年成立了一家集设计、研发、制作、服务于一体的高级定制工作室，创立了自己的第一个高级定制品牌——KEILAM。她秉承中西结合的设计理念，专注打造有自己特色的原创作品，从前期设计、制板到后期几十道手工艺的制作，都由公司团队各岗位上的成员认真完成。而每一位员工的使命，就是以严谨认真的态度，为顾客呈现珍贵、引以为傲、可以留传后世的作品。

　　在第一个品牌的基础上，童晓妍于2019年创立了第二个高级定制品牌——Art Garden·Tong，其以精致繁复的手工艺，延续第一个品牌的设计风格。

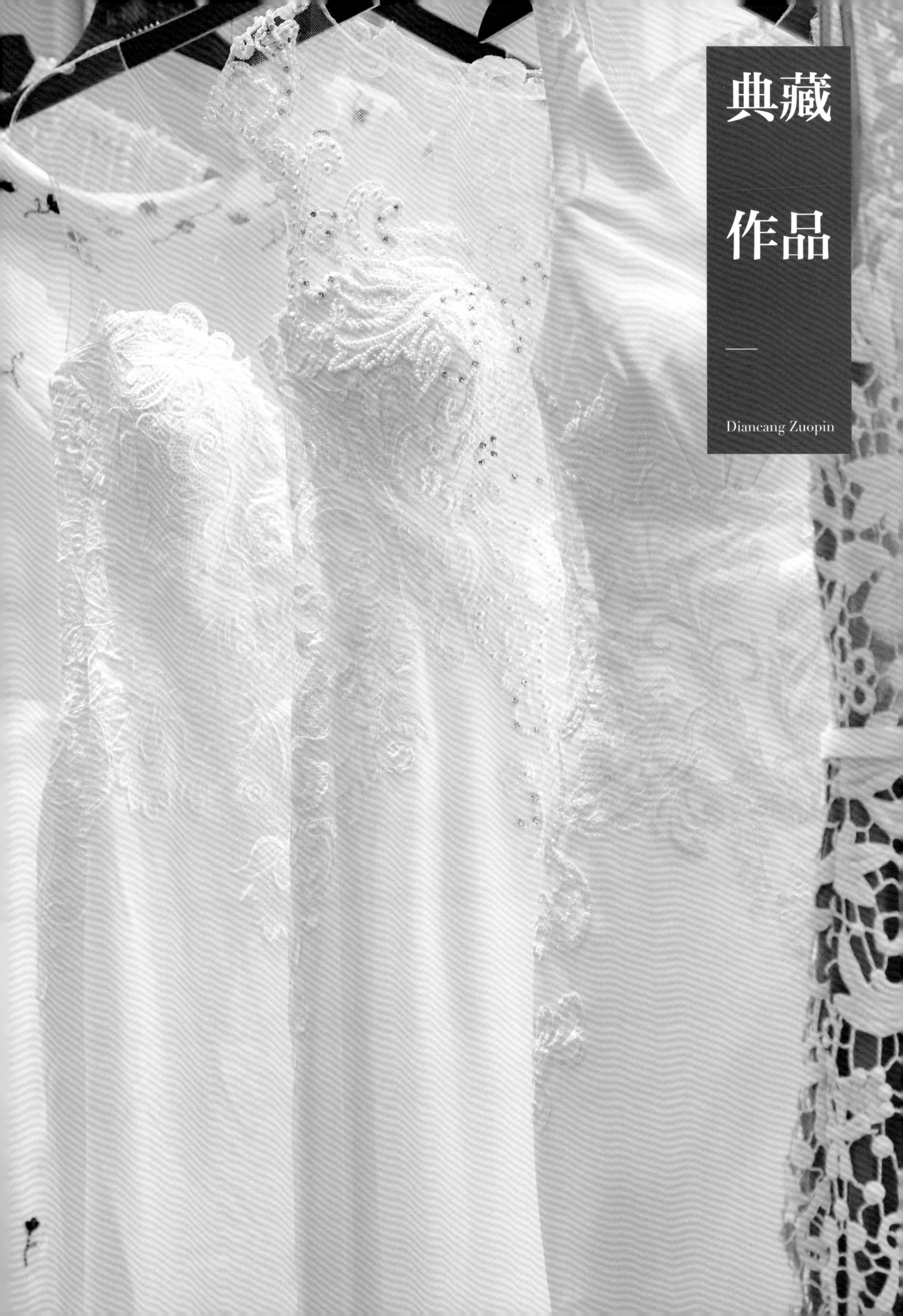

典藏作品

Diancang Zuopin

Alberto
GIACOMETTI

Plâtres peints

024

054

灵感来源：身披紫衣梳霞乐，脚踏山岚布岭坡。

　　　　　妩媚身姿轻展舞，馨香缭绕绽芳歌。

材　　料：印度进口丝线、日本进口MGB珠管、水晶、玉石、锆石、猫眼石、施华洛世奇水钻等。

灵感来源：郭沫若先生的名作《凤凰涅槃》。

材　　料：日本进口金丝线。

灵感来源：中国国粹京剧《穆桂英挂帅》中穆桂英的经典形象。

材　　料：印度进口丝线、日本进口MGB珠管、水晶、锆石、施华洛世奇水钻及羽毛等。

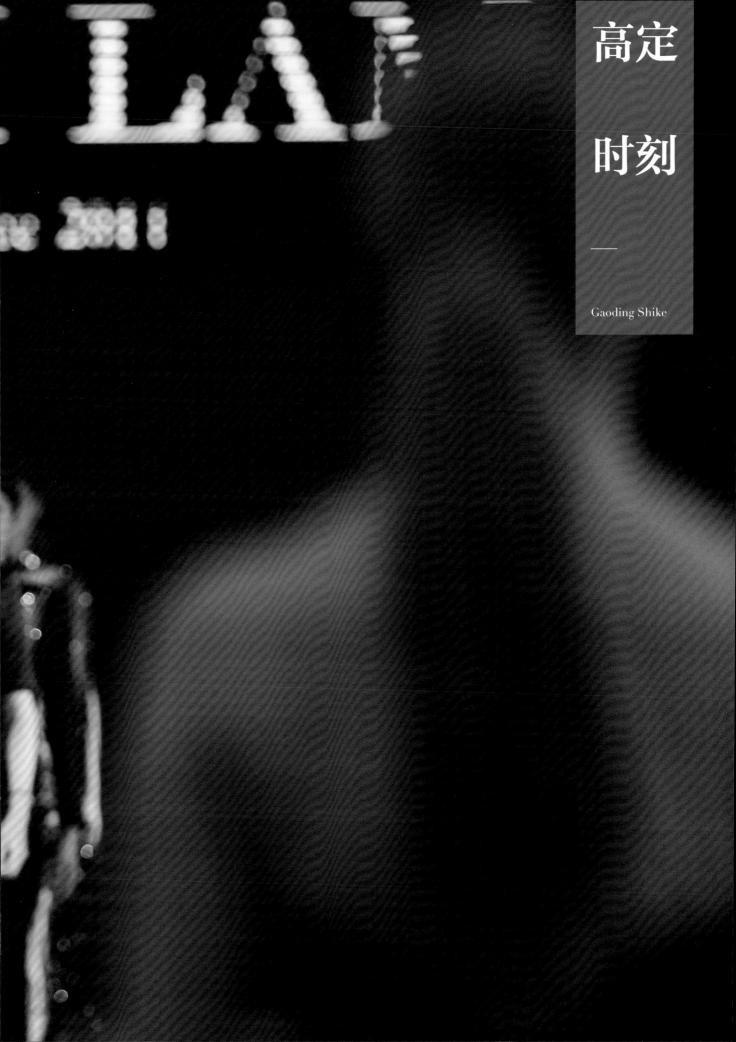

高定
时刻

—

Gaoding Shike

1

KEILAM高级定制参与"2016亮相国粹时尚盛典—暨青年京剧演员挑战赛颁奖礼"

—

2016年8月，KEILAM高级定制联合北京亮相文化传媒有限公司在北京举办"2016亮相国粹时尚盛典—暨青年京剧演员挑战赛颁奖礼"，童晓妍的高级定制服装在此次活动中获得广泛关注。

2016亮相国粹时尚盛典-暨青

2016 Luxshine National Heritage Grand Ceremony Cum Pe

京剧演员挑战赛颁奖礼
Opera Young Performers Competition Awards

2

KEILAM高级定制在亚洲豪华邮轮 "云顶梦号"举行品牌秋冬发布会

———

为了颠覆传统高级定制服装品牌发布会模式，童晓妍在2017年开启了高级定制行业邮轮发布会的首航。

此次发布会邀请了300余位KEILAM高级定制的VIP客户，他们分别来自中国北京、上海、香港及世界各地，整个时尚大秀以纯手工珠绣服饰系列作为开场，用西方的立体分割裁剪搭配古典东方设计元素，完美诠释"中西合璧"这一特点。

最后，童晓妍的奶奶登台走秀，台风强劲，惊艳众人。

3

KEILAM 高级定制
非公开系列预览会

———

2018年4月7日下午，在香蜜湖EC showroom，一场精美绝伦的非公开发布会如期而至，KEILAM高级定制就新品精心准备了一场高级定制分享沙龙，与受邀者进行时尚与美的交流与探讨。

4

KEILAM高级定制在亚洲顶级邮轮 "世界梦号"举行品牌秋冬发布会

———

　　2018年9月，KEILAM高级定制选择在亚洲顶级邮轮"世界梦号"发布当年品牌秋冬新品。

　　历经数年的成长和沉淀，感恩客户多年的信任，KEILAM品牌创始人童晓妍一直秉承着一颗热爱服装和勇于挑战的心，希望能设计出更好的作品回馈客户。

5

深圳湾万宾空间KEILAM高级定制非公开新品发布会

—

  2019年12月20日下午，深圳湾一号万宾空间上演美轮美奂的时装大秀，KEILAM高级定制就新品准备了一场非公开的高级定制分享会，演绎时尚与美的碰撞。

2018年童晓妍受著名收藏家马跃老师指导。

马跃：企业家、收藏家，教授、硕士研究生导师；一直
　　　是童晓妍品牌灵感知识的传授者与启发者。

108

匠心
工艺

—

Jiangxin Gongyi

刺绣工艺

　　刺绣是利用针线在织物上绣制各种装饰图案的工艺，即用针将丝线或其他纤维纱线按照一定图案和色彩在绣料上穿刺，以绣迹构成花纹。

　　刺绣是中国民间著名传统手工艺之一，在中国至少有二三千年历史。中国刺绣主要有苏绣、湘绣、蜀绣和粤绣四大门类。童晓妍的作品更多采用的是苏绣，苏绣具有图案秀丽、构思巧妙、绣工细致、针法活泼、色彩清雅的独特风格，地方特色浓郁。刺绣技法主要有：错针绣、乱针绣、网绣、满地绣、锁丝、纳丝、纳锦、平金、影金、盘金、铺绒、刮绒、戳纱、洒线、挑花等。

《金丝雀》是童晓妍的高级定制品牌中刺绣工艺的代表作，其将西式美学中的抹肩款式、花瓣下摆和东方经典图案——祥云金丝雀相结合，展现了别致的奢华之美。

作品采用独创的工艺手法，结合材料，表现孔雀的生动和羽毛的立体感，亮片代表羽毛，施华洛世奇水晶代表羽毛最华丽的部位，凤鸾绕体，祥云包边，八条凤尾交织裙摆，每盘一条凤尾都需要一位绣娘花约4个小时完成。肩部设计为立体花朵刺绣，奢华美丽，力求纹样疏密有致、端庄典雅。

《金丝雀》作品

刺绣之珠绣工艺

　　珠绣工艺起源于唐朝，于明清时期达到鼎盛。

　　珠绣是童晓妍高级定制服装最常用的特色工艺，其珠绣作品凝聚了中西文化的特色，既有时尚潮流的欧美浪漫风格，又有典雅、底蕴深厚的东方古典风格。

精美的珠绣承载着高级定制最精华的部分，也是最能体现匠人匠心的一面，每一颗珠子都需要手工一粒一粒固定。珠绣工艺丰富多样，有盘、粘、镶、嵌、缝、叠、牵等，其设计手法主要为平铺、悬垂、堆砌、组合点缀，不同工艺设计能够呈现出珠绣不同的外观效果。

珠绣所用的材料也十分丰富，除了常用的贝壳、宝石外，还有玻璃、亚克利切片、金属铸件、陶瓷、革片等，不同材料可以切割为不同形状，其材质直接影响珠料的色彩、亮度、触觉等。

可以将常规的珠绣材料与其他材料结合，塑造出不一样的立体造型效果。如结合蕾丝以塑造立体花珠绣效果，制作时需要精准设计每一片蕾丝花瓣的位置，精确计算每一组成部分各色珠子的使用数量，才能达到预期的效果。此外，结线也很重要，每次结线都是对珠绣工艺区域的保护。

《双凤凰》是童晓妍创业之初亲手完成的第一件珠绣重工旗袍，所有的设计和工艺耗费了数个夜晚，于2014年9月17日完成，奠定了KEILAM高级定制珠绣手工艺产品的基础，也是其珠绣产品的代表作。《双凤凰》产品已经正式通过中华人民共和国国家版权局的审核登记，其图案及产品的著作权所有人为童晓妍。

工艺细节

Gongyi Xijie

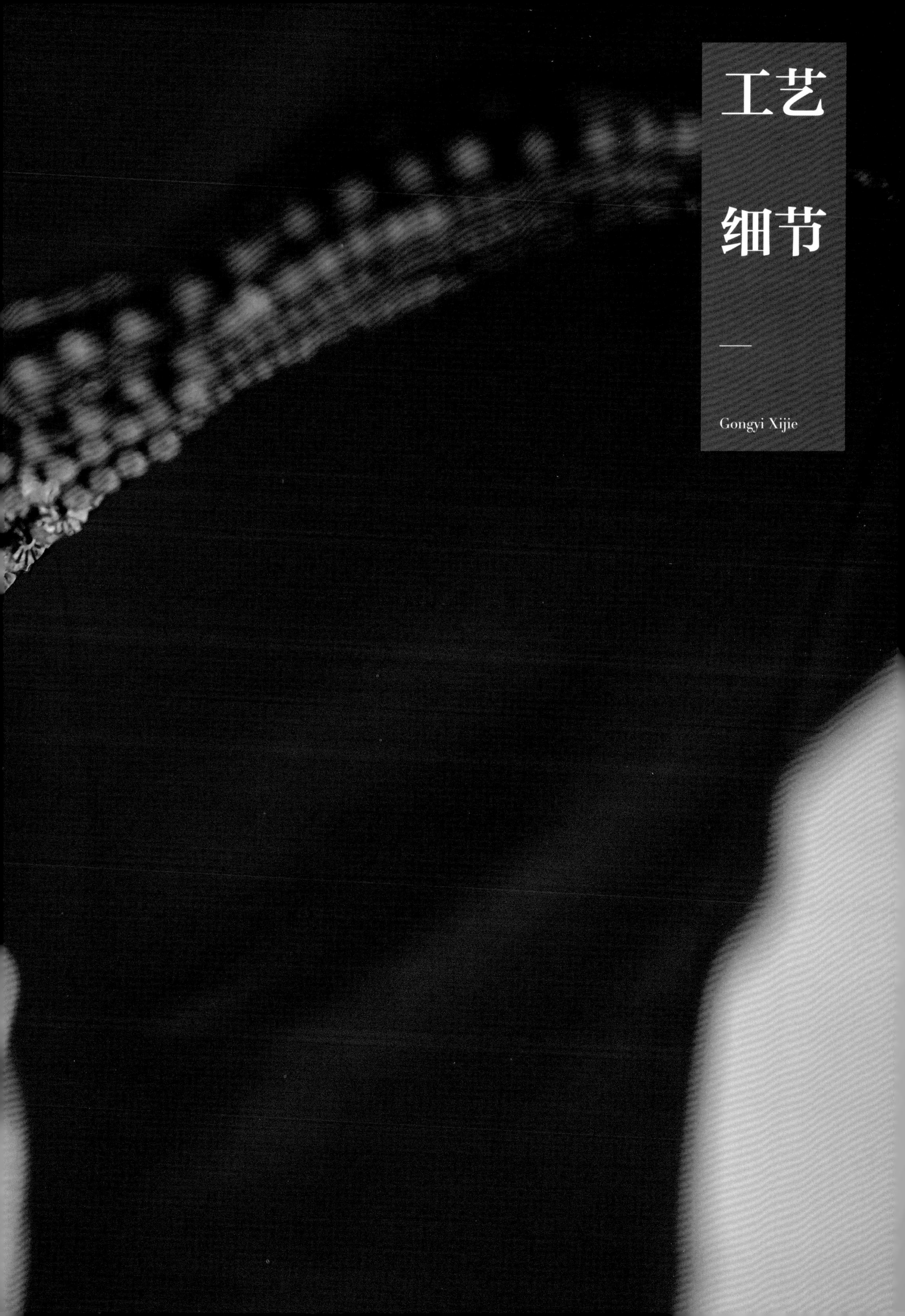

印度丝珠绣 2016年

印度进口丝线、锆石、施华洛世奇水钻等

立体花珠绣 2016年

日本进口MGB珍珠等

立体花珠绣 2016年

印度进口丝线、亮片、锆石、施华洛世奇水钻等

手工立体花 2017年

日本进口MGB珠管、亮片、施华洛世奇水钻等

花纹珠绣 2018年

印度进口丝线、施华洛世奇水晶、施华洛世奇水钻等

龙纹珠绣　2014年

印度进口丝线、水晶、施华洛世奇水钻等

传统花纹刺绣　2018年

日本进口金银丝线

凤凰纹刺绣　2018年

日本进口金银丝线

祥云纹刺绣　2014年

印度进口丝线、水晶、施华洛世奇水钻等

玫瑰花纹刺绣　2018年

日本进口金银丝线

凤凰纹珠绣 2014年
印度进口丝线、日本进口MGB珠管、水晶、施华洛世奇水钻等

凤凰尾纹珠绣 2014年
印度进口丝线、日本进口MGB珠管、水晶、施华洛世奇水钻等

水墨画纹珠绣 2018年
印度进口丝线、日本进口MGB水晶等

传统图纹珠绣 2015年
印度进口丝线、日本进口MGB锆石等

景泰蓝纽扣 2015年
印度进口丝线、日本进口MGB锆石等

传统图纹珠绣 2016年

米珠、日本进口MGB锆石、施华洛世奇水钻等

立体花珠绣 2017年

亮片、施华洛世奇水钻等

立体花珠绣 2018年

日本进口MGB珠管、水晶、施华洛世奇水钻等

立体珠绣 2016年

小米珠、日本进口MGB锆石、施华洛世奇水钻等

传统图纹珠绣 2018年

日本进口MGB珠管、水晶、施华洛世奇水钻等

羽翎纹珠绣 2017年

亮片、日本进口MGB小米珠、施华洛世奇水钻等

花纹珠绣 2018年

日本进口MGB珠管、施华洛世奇水钻等

花纹珠绣 2016年

亮片、珍珠、日本进口MGB小米珠等

海浪纹珠绣 2018年

亮片、日本进口MGB小米珠、珍珠、施华洛世奇水钻等

叶子纹珠绣 2018年

日本进口MGB珠管、亮片、施华洛世奇水钻等

叶子纹珠绣 2018年

亮片、日本进口MGB小米珠、施华洛世奇水钻等

祥云纹珠绣 2016年
印度进口丝线、珍珠等

花纹珠绣 2016年
印度进口丝线、日本进口MGB小米珠等

流苏珠绣 2016年
施华洛世奇水晶、日本进口MGB小米珠等

祥云纹珠绣 2016年
印度进口丝线、日本进口MGB小米珠等

祥云纹珠绣 2016年
印度进口丝线、日本进口MGB小米珠等

祥云纹珠绣 2016年
印度进口丝线、日本进口MGB小米珠等

凤凰纹稿　2015年
印度进口丝线、日本进口MGB珠管、施华
洛世奇水钻等

凤凰纹珠绣　2015年
印度进口丝线、日本进口MGB珠管、施华
洛世奇水钻等

山水纹刺绣　2018年
日本进口金银丝线

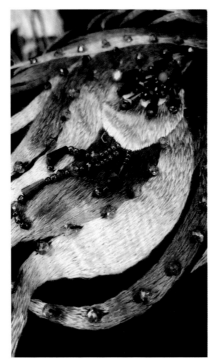

花纹珠绣　2017年
日本进口MGB珠管、亮片、施华洛世奇水
钻等

凤凰纹刺绣　2018年
施华洛世奇水钻

珠绣　2018年
珍珠、日本进口MGB小米珠等

海浪纹珠绣 2018年

施华洛世奇水晶、日本进口MGB小米珠等

凤凰纹刺绣 2018年

日本进口金银丝线

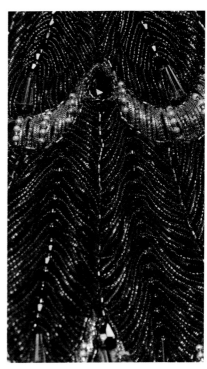

立体珠绣 2016年

印度进口丝线、施华洛世奇水晶等

京剧元素珠绣 2016年

印度进口丝线、施华洛世奇水晶等

京剧元素珠绣 2016年

印度进口丝线、施华洛世奇水晶等

迪拜纯手工面料　2019年

日本进口MGB水晶、施华洛世奇水钻等

迪拜纯手工面料　2019年

日本进口MGB水晶、施华洛世奇水钻等

流苏珠绣　2016年

施华洛世奇水晶、日本进口MGB小米珠等

花纹珠绣　2016年

施华洛世奇水晶、日本进口MGB小米珠等

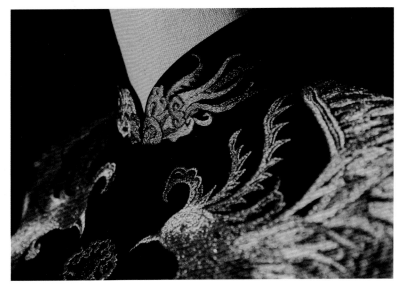

金凤凰纹刺绣 2018年

日本进口金银丝线

金凤凰纹刺绣 2018年

日本进口金银丝线

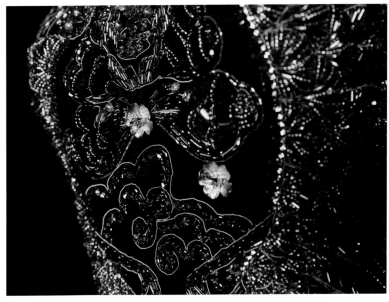

双凤凰纹珠绣 2014年

印度进口丝线、日本进口MGB珠管、施华洛世
奇水晶、施华洛世奇水钻等

花纹珠绣 2014年

印度进口丝线、日本进口MGB珠管、施华洛世奇水晶、施华洛世奇水钻等

传统图纹珠绣 2016年
亮片、珍珠、日本进口MGB小米珠等

叶子纹珠绣 2018年
亮片、日本进口MGB小米珠、施华洛世奇水钻等

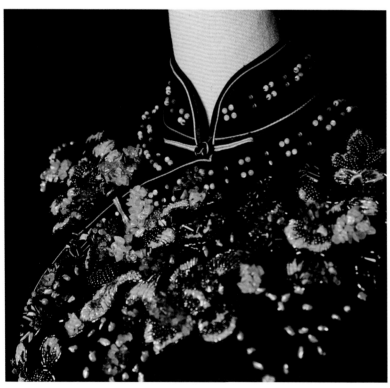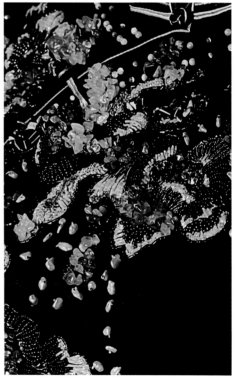

传统图纹珠绣 2016年
印度进口丝线、日本进口MGB珠管、水晶、玉石、猫眼石等

传统图纹珠绣 2016年
印度进口丝线、日本进口MGB珠管、水晶、玉石、
猫眼石等

花纹珠绣　2018年

施华洛世奇水晶、日本进口珍珠等

花纹珠绣　2018年

施华洛世奇水晶、日本进口珍珠等

花纹珠绣　2018年

施华洛世奇水晶、日本进口珍珠等

传统图纹珠绣　2016年

施华洛世奇水晶、日本进口MGB珠管及小米珠等

工作场景

Gongzuo Changjing

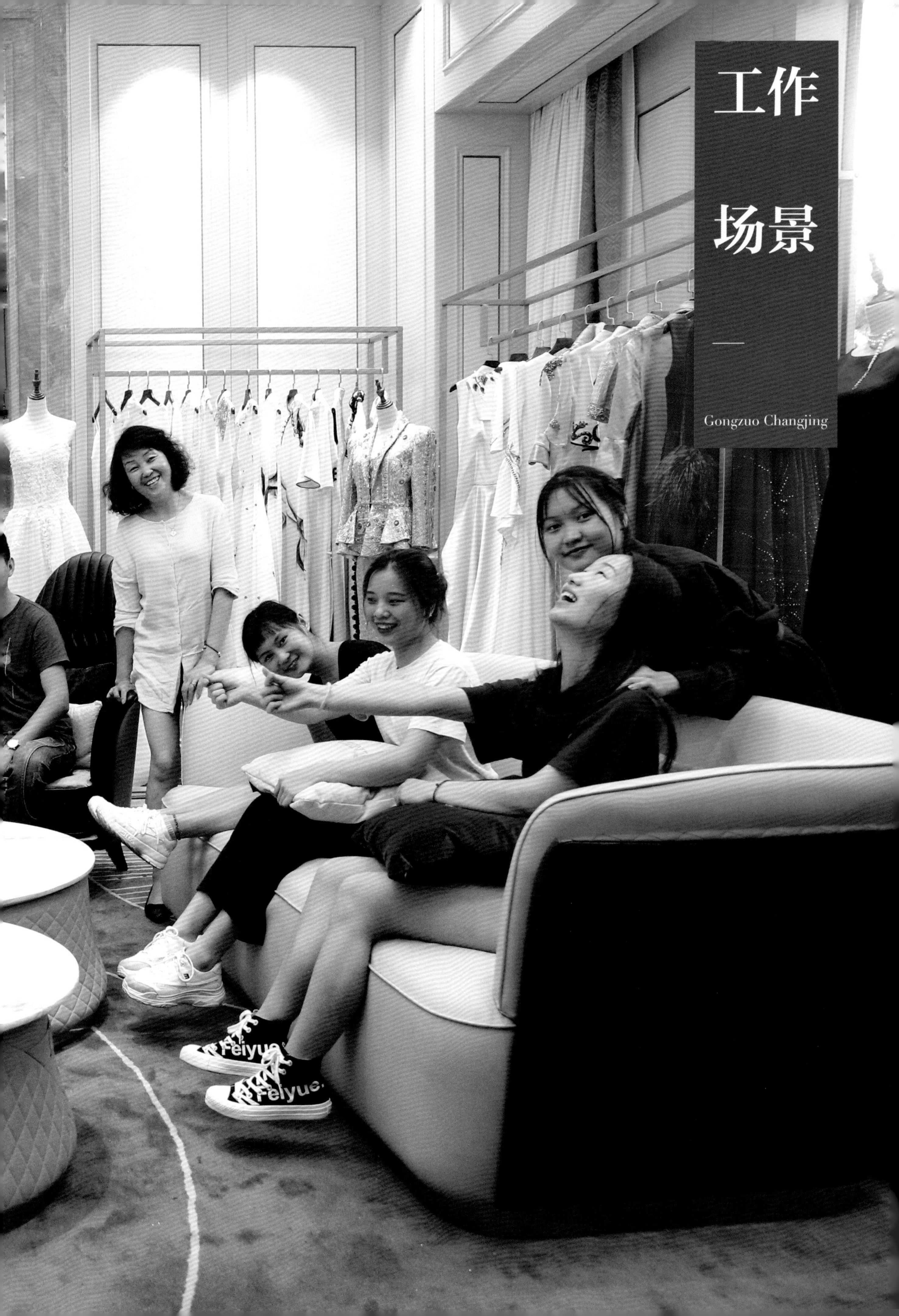

后记

___

Postscript

我很享受几十年去做同一件事情的这样一个状态，我认为，这便是匠心。

人这一辈子真的太短，我很想为这个世界留下一些能被世人记住的作品，不枉成为一名服装高级定制设计师。我对设计创作倾注了大量的心血，每一件作品背后都有许多感人的故事，并力求文化的传承与弘扬。为了理想，要永远持之以恒，默默坚持，不骄不躁，这是我一直以来对自己的要求。

对于今后的品牌发展以及高级定制事业的坚持，我有三个目标：第一，希望KEILAM高级定制能发展为国内的百年品牌；第二，每一件作品都凝聚了团队所有成员的心血，希望与我共事的每一位团队伙伴，在这个行业内都能被人尊称一声"老师"；第三，能出版更多的书籍，把我们用心创作的每一件作品以最美好的图书形式留存下来，传承给后辈，希望能给予他们更多的灵感和明确的方向，真正把中国传统文化元素融入服装艺术设计中，并传播、弘扬到全世界。

中国传统文化博大精深。当今中国服装业虽然缺少百年历史的品牌，但是承载中国传统文化的服装设计，却有着千年的文化历史根基。我们拥有五千年璀璨的华夏文明，各种文字、图案、符号、凤鸟纹、龙纹、孔雀纹、花鸟纹、青花瓷、建筑……是老祖宗们留下来的文化瑰宝，也是我未来创作的灵感来源。学习中国传统文化，是我的一项重要工作。

童晓妍

2021年9月

设计师
简介

童晓妍 | KEILAM高级定制创始人、首席设计师、执行总监

ArtGarden·Tong高级定制创始人、首席设计师、执行总监

亚太杰出女性联合会会员

2016年获亮相国粹最佳传承奖

KEILAM高级定制获麒麟马业"2016时尚新贵——传统工艺设计大奖"

2018年KEILAM高级定制获"2018全球超模大赛福建赛区特约合作品牌"称号；同年正式成立全球（中国）旗袍KEILAM高级定制分会

2019年全球可持续发展女性论坛暨全球华语春晚组委会授予童晓妍"全球杰出女性贡献奖"

2019年作品被选为德国柏林中国文化中心重点项目"丝路映像"参展作品

2019年作品被选为埃及开罗中国文化中心重点项目"丝路映像"参展作品

2019年作品被选为墨西哥中国文化中心重点项目"丝路映像"参展作品

作者

简介

陈学军

教授级高级工程师

惠州学院旭日广东服装学院院长

两次荣获广东教育教学成果（高等教育）一等奖

两次荣获中国纺织工业联合会科学技术进步三等奖

主编或参编《服装国际贸易概论》《服装商检实务》《服装网络营销》《服装市场营销》《服装跟单实务》等十余部本科教材

带领学生创新创业团队先后获得首届中国纺织类高校大学生创新创业大赛二等奖一项、第二届中国纺织类高校大学生创新创业大赛三等奖两项、2018年"挑战杯·创青春"广东大学生创业大赛铜奖一项

KEILAM

&

Art Garden·Tong